**Lidya Hamecha**
**Djamila Sadoudi-Ali Ahmed**
**Samira Setbel**

**Fauna artropodológica em Grande Kabylie (Tizi-Ouzou, Argélia)**

**Lidya Hamecha**
**Djamila Sadoudi-Ali Ahmed**
**Samira Setbel**


# Fauna artropodológica em Grande Kabylie (Tizi-Ouzou, Argélia)

## Estudo comparativo entre a entomofauna de um pomar agrícola biológico e de um pomar agrícola tratado com pesticidas


**ScienciaScripts**

**Imprint**

Any brand names and product names mentioned in this book are subject to trademark, brand or patent protection and are trademarks or registered trademarks of their respective holders. The use of brand names, product names, common names, trade names, product descriptions etc. even without a particular marking in this work is in no way to be construed to mean that such names may be regarded as unrestricted in respect of trademark and brand protection legislation and could thus be used by anyone.

Cover image: www.ingimage.com

This book is a translation from the original published under ISBN 978-620-3-45092-7.

Publisher:
Sciencia Scripts
is a trademark of
Dodo Books Indian Ocean Ltd. and OmniScriptum S.R.L publishing group

120 High Road, East Finchley, London, N2 9ED, United Kingdom
Str. Armeneasca 28/1, office 1, Chisinau MD-2012, Republic of Moldova, Europe
Printed at: see last page
ISBN: 978-620-5-72539-9

**DEDICO ESTE LIVRO À MEMÓRIA DO MEU QUERIDO AVÔ**

**"HAMECHA SI MOHAND".**

# CONTEÚDO

# INTRODUÇÃO

O Onion Allium cepa Linnaeus é a cultura vegetal mais cultivada no mundo depois do tomate (FAO, 2010). De origem asiática, a cebola é uma planta sazonal (JUDD, 2002), bienal cujo bolbo não se divide, é altamente valorizada nas terras altas tropicais da África Central e Oriental. Dada a intensificação da horticultura em zonas planas e montanhosas, são reservadas áreas consideráveis para a horticultura de mercado nesta região, ocupada principalmente por sectores privados, especialmente na região de Ain-Zaouïa, onde esta cultura é uma actividade lucrativa interessante. A Argélia ocupa o 20º lugar na produção de cebola no mundo com 700.000 toneladas em 2010 (FAO, 2010). Contudo, na wilaya de Tizi-Ouzou, as superfícies cultivadas aumentaram ligeiramente de 1012 ha em 2009 para 1130 ha em 2012. Ao contrário da produção que aumentou significativamente, aumentando para o mesmo período de 95105 qx para 121504 qx (DSA, 2012). O rendimento nacional permanece baixo em comparação com as normas europeias que são da ordem de 30 a 50 t / ha (Anónimo, 2014) e, por conseguinte, ainda não conseguem satisfazer a procura dos consumidores. Esta diminuição do rendimento, pode ser atribuída a vários factores, entre outros, aos fenómenos de granizo e stress hídrico; os problemas pelos quais os agricultores argelinos não são responsáveis, tais como a falta de conhecimento das técnicas de produção aplicadas (fertilização, manutenção do solo, tratamentos fitossanitários e outros), que no nosso país, a sua aplicação não corresponde às normas culturais modernas desta cultura. O uso anárquico e a sementeira de variedades, também o uso imoderado de pesticidas, leva por vezes à proliferação de pragas, devido à redução dos seus inimigos naturais, e de doenças desta cultura antes e depois da colheita, que causaram perdas a nível mundial. As obras sobre artrópodes são muito numerosas, quer no mundo quer na Argélia, entre as principais conhecidas no mundo DEBRAS (2007), BOUGET e NAGELEISEN (2009) em França, ARAHOU (2008) em Marrocos e CORBARA (2004), trabalharam na fauna artrópodes terrestre, BARNEY e

PASS (1986), BOHN et al. (2000), COLIGNON et al (2000), COUTURIER(1973), DIEL e RING(1992), HAUTIER et al (2003) e SALL-SY (2002). Na Argélia citamos o trabalho de GUETTALA (2009). A fim de colaborar no conhecimento da fauna artropodológica em torno de uma parcela de cebola na região de Tizi-Ouzou, realizámos um inventário da entomofauna anexa a uma parcela de cebola, em duas regiões diferentes (Ain-Zaouïa e Illoula-Oumalou), estando ao mesmo tempo interessados na abundância ou dominância entre as espécies capturadas, do ponto de vista quantitativo e qualitativo.O nosso trabalho é realizado em quatro capítulos, o primeiro é uma síntese bibliográfica sobre a planta alta, o segundo é uma apresentação das regiões de estudo, o terceiro diz respeito à metodologia do trabalho realizado no campo e no laboratório, e no quarto capítulo começamos os resultados e a discussão, e depois terminaremos com uma conclusão geral.

# CAPÍTULO I

## A HOSPECTIVA

### I.1. Definições de culturas hortícolas (Vegetable growing)

As culturas hortícolas fazem parte da horticultura. O seu objectivo é a produção de hortaliças. Por vegetais, entendemos qualquer planta que possa ser consumida pelo homem, crua ou cozinhada, inteira ou apenas em parte (KROLL, 1994). Entre as culturas hortícolas economicamente importantes conhecidas em todo o mundo, escolhemos a cebola, cujo nome científico é Allium cepa L.. Ela pertence à subfamília Amaryllidaceae, (FAO, 2010).

### I.1.1. Origem geográfica da cebola

De origem asiática, a cebola é uma planta sazonal (JUDD, 2002). A área geográfica incluindo a Turquia, Irão, Norte do Iraque, Afeganistão, Ásia Central Ocidental (incluindo o Cazaquistão) e Paquistão Ocidental é considerada o principal centro das espécies Allium (HANELT, 1990). O género Allium inclui várias espécies incluindo cebola (Allium cepa), alho francês (Allium porrum), alho francês (Allium sativum), chalota (Allium ascalonicum) e cebolinho (Allium schoenoprasum). Contudo, a cebola é a mais difundida e amplamente utilizada na região mediterrânica (JUDD, 2002). A aclimatação de A. cepa começou no actual Tajiquistão, Afeganistão, e Irão, e esta área do sudoeste asiático é reconhecida como o principal centro de variabilidade. Outras áreas onde as cebolas apresentam grande variabilidade, tais como a bacia mediterrânica, são centros secundários (HANELT, 1990).

### I.1.2. Definição

A cebola, deriva o seu nome vernacular do latim unio que significa unido porque a cebola é uma das raras Amaryllidaceae cujo bulbo não se divide. Pensa-se que o seu nome latino, Allium cepa, tem uma origem celta: tudo significa queimar em referência às propriedades da planta e Cepa corresponde ao nome da planta entre os romanos (RUCHOT, 2015).

As figuras 1 e 2 representam a cebola vegetal madura e imatura.

### I.1.3. Classificação

Na classificação clássica, a cebola pertence à família Liliaceae. Foi uma das maiores famílias de Monocotyledons na classificação de CRONQUIST (1981) que incluía entre outros o lírio, a mayfly e a cebola.

### I.1.4. Classificação clássica

Reino :Plantae

Filo: Espermatófitos

Classe:Liliopsida

Ordem:Liliales

Família:Liliaceae

Género:Allium

Espécie:Allium cepa L.

**Fig. 1** - O bulbo de cebola maduro

(Original,2015).

O aparecimento da classificação filogenética separou esta família, que não era um grupo monofilético. A subfamília Amaryllidaceae, tornou-se então uma família, à qual a cebola pertence, na classificação filogenética (RUCHOT, 2015).

### I.1.5. Classificação filogenética

Reino:Plantae

Clade:Angiospermas

Clade:Monocotyledons: Liliidae

Clade:Asparagales

Família:Alliaceae

S-Família: Amaryllidaceae

Género:Allium

Espécie:Allium cepa L.

**Fig. 2** - Planta de cebola jovem (Original,2015).

## I.1.6. Características morfológicas da cebola

MESSIAEN (1993), resumiu as características botânicas da planta da cebola apresentadas no Quadro 1, e as suas diferentes características estão representadas nas figuras seguintes (3, 4, 5, 6 e 7).

**Quadro 1:** Características para distinguir Allium cepa (MESSIAEN, 1993).

| Botanical characteris-tics | High biennial plant from 60 to 100 cm. |
|---|---|
| LeavesHard | , D-shaped section, especially at the base |
| | BulbsWell differentiated, formed inside thickened leaf sheaths without limb |
| Flower stemsHard | , swollen in the lower third |
| spherical umbels | , simultaneous flowering |
| FlowersFlowering flowers with horizontal petals with smooth margin | |
| AnthersGrey | , greenish grey or purplish |

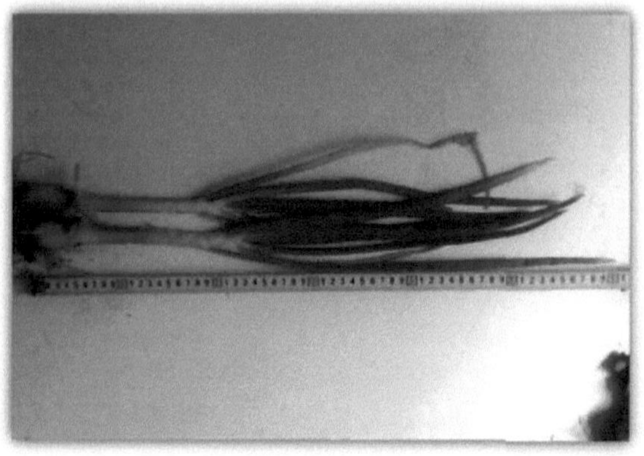

**Fig. 3** - Uma planta hospedeira de 60 cm (Original, 2015).

**Secção em forma de D**

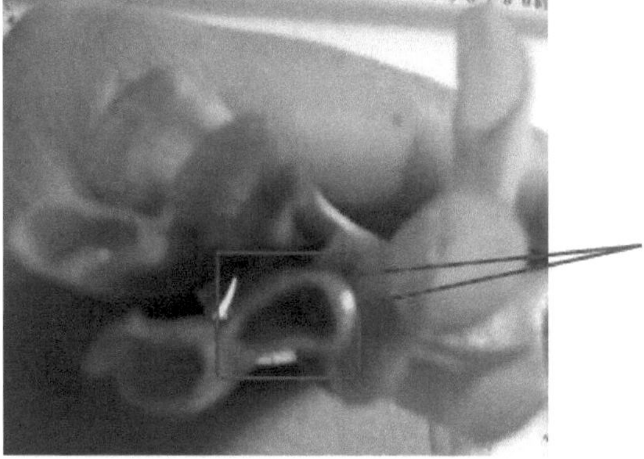

**Fig. 4** - Secção horizontal das folhas de cebola, vista a olho nu (Original, 2015).

**Ines Of Foliage**

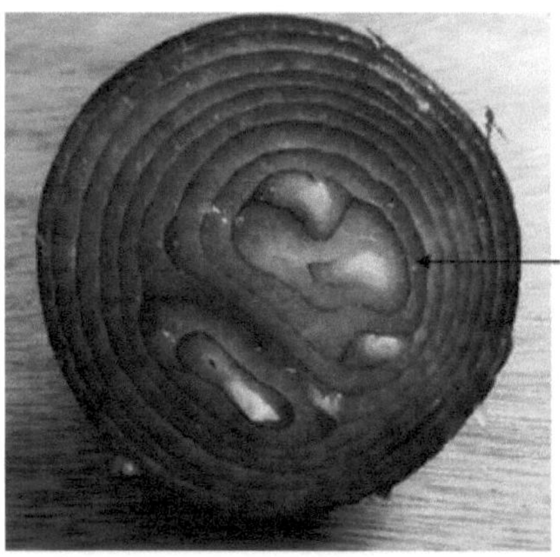

**Fig. 5** - Sementes de folhas espessas sem uma lâmina do bolbo da cebola (Original, 2015).

**Fig. 6** - Uma haste florida da cebola (Original, 2015).

**Fig. 7 - A**: Umbel, **B**: Flores de cebola (Original, 2015).

### I.1.7. Requisitos em matéria de cebola

As exigências da cebola são várias, de ordem climática e em solo e rotação

### I.1.7.1. Requisitos climáticos

A cebola é muito exigente em termos de clima e fotoperíodo. Para a formação das bolbos, requer uma duração mínima de 12 a 13 horas na zona intertropical e de 15 a 16 horas na zona temperada. Para o início da formação dos bolbos, necessita de temperaturas superiores a 18°C, enquanto temperaturas mais baixas favorecem a quebra de dormência e o crescimento vegetativo (JUDD, 2002). (Figura 5 representa a formação de bolbos). No entanto, cada variedade tem o seu próprio fotoperíodo crítico: necessita de um certo período de luz do dia para a formação e maturação adequadas dos bolbos. Se o fotoperíodo crítico for curto, por exemplo 12 ou 13 horas, a cebola é classificada como pertencente ao grupo de dias curtos (é uma cultura de inverno). Se o contrário for verdade e a cebola tiver um fotoperíodo crítico de cerca de 16 horas (é uma cultura de verão). A duração do dia e a temperatura estão estreitamente relacionadas com as latitudes geográficas; actualmente existem variedades disponíveis para quase todas as latitudes (MESSIAEN, 1993).

### I.1.7.2. Requisitos do solo/rotação

A cebola é feliz em solos não muito ácidos, férteis, permeáveis e bem arejados, tais como solos arenosos. Não tolera solos demasiado inundados e muito ricos em matéria orgânica devido ao risco de apodrecimento do bolbo (JUDD, 2002). Tem um pequeno sistema radicular que não deve encontrar resistência durante o seu desenvolvimento. As rotações devem ser de 3 a 5 anos para se proteger dos nematódeos comuns dos caules (Ditylenchus dipsaci) e de vários fungos (Sclerotium cepivorum, Botrytis...). Este período de rotação também inclui outras Alliaceae (alho, alho francês...). As cebolas não são sensíveis aos nemátodos dos nós radiculares (Meloidogyne sp.) e são portanto plantas de corte interessantes para limitar as infestações desta praga.

**A. Precursores favoráveis:** cereais, batatas, beterrabas, ervas daninhas;

**B. Precedentes desfavoráveis:** outras Alliaceae (alho francês, alho francês, chalota... etc.), ervilhas, alfafa, prados (problemas de ervas daninhas) (SERAIL, 2014).

### I.1.7.3. Área de produção

As cebolas são uma cultura vegetal popular na região das terras altas da África Central e Oriental. Adapta-se às regiões tropicais secas, bem como às zonas temperadas das regiões de altitude elevada da zona equatorial. No entanto, não apoia as regiões baixas da zona equatorial. As produções mais importantes encontram-se na Ásia, mas há também produções importantes na Europa, América do Norte e Central, América do Sul e África (THOMSON, 1938). A cebola é a segunda cultura vegetal depois do tomate em termos de área agrícola dedicada à produção nas Ilhas Canárias (RODRIGUEZ GALDON, 2008). Na Ásia, a produção está concentrada no Bangladesh e na Geórgia, enquanto na América do Norte, os Estados Unidos têm a maior produção. Em África, a produção concentra-se principalmente no Norte de África (Egipto, Argélia e Marrocos) e na África do Sul (JUDD, 2002).

### I.1.8. Produção de cebola

#### ► No mundo

Segundo as estatísticas da FAO (2010), os países produtores de cebola mais importantes são a China, a Índia e os Estados Unidos com 20.817.295, 8.178.300 e 3.349.170 toneladas sucessivas (Figura 8). Contudo, a Argélia ocupa o 20º lugar na produção de cebolas com 700.000 toneladas (Quadro 2).

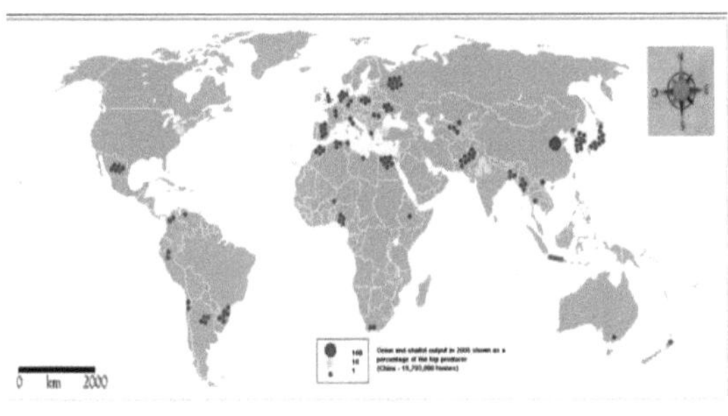

**Fig. 8** - Mapa de distribuição dos maiores países produtores de cebola e não-cebola do mundo (FAO,2010).

**Quadro 2** - Lista dos países produtores de cebola (FAO, 2010).

| Rank | Country/Region | Onion production (tons) |
|---|---|---|
| 1 | People's Republic of China | 20,817,295 |
| 2 | India | 8,178,300 |
| 3 | United States | 3,349,170 |
| 4 | Pakistan | 2,015,200 |
| 5 | Turkey | 2,007,120 |
| 6 | Iran | 1,849,275 |
| 7 | Egypt | 1,728,417 |
| 8 | Russia | 1,712,500 |
| 9 | Brazil | 1,299,815 |
| 10 | Mexico | 1,252,441 |
| 11 | Japan | 1,165,000 |
| 12 | Netherlands | 1,130,000 |
| 13 | Spain | 1,098,400 |
| 14 | Ukraine | 1,049,200 |
| 15 | South Korea | 1,035,076 |
| 16 | Bangladesh | 889,260 |
| 17 | Indonesia | 824,064 |
| 18 | Myanmar | 740,000 |
| 19 | Uzbekistan | 728,000 |
| 20 | Algeria | 700,000 |
| 21 | Argentina | 700,000 |
| 22 | Morocco | 662,140 |

► **Na Argélia**

Na Argélia, é no Norte do país que encontramos as zonas de produção de cebola e isto deve-se às condições e exigências ecológicas desta planta. A Wilaya de Tizi-Ouzou forneceu um total de 121.504 quintais de cebolas durante o ano 2011-2012 (D.S.A, 2014) (Tab. 3).

**Quadro 3** - Estatísticas de produção de cebola na Wilaya Tizi-Ouzou (D.S.A, 2014).

| Anos | Localização (comuna)/Wilaya | Área | (ha) | Produção (qx) |
|---|---|---|---|---|
| 2008-2009 | Illoula-Oumalou | 06 | 660 | |
| | Aïn-Zaouia | 20 | 1300 | |
| | Total para a wilaya de Tizi-Ouzou | 1012 | 95105 | |
| 2010-2011 | Illoula-Oumalou | 08 | 1000 | |
| | Aïn-Zaouia | 20 | 1600 | |
| | Total para a wilaya de Tizi-Ouzou | 1008.5 | 109303 | |
| 2011-2012 | Total para a wilaya de Tizi-Ouzou | 1130 | 121504 | |

Do Quadro 3 vemos que a taxa de produção de cebola em Ain-Zaouia é significativamente mais elevada do que em Illoula-Oumalou, mas esta produção melhora de um ano para o outro e de uma região para a outra.

## I.1.9. Doenças da cebola e pragas

► **Doenças**

As culturas de cebola são susceptíveis a várias doenças, sendo as principais as mais comuns: míldio (Peronospora destructor), podridão do colar (Botrytis allii), esclerotinia (Sclerotium cepivorum), ferrugem (Puccina porri), (Botrytis squamosa), Fusarium (Fusarium oxysporum), doença da raiz rosada

(Pyrenochaeta terrestris), ferrugem das plântulas e ferrugem da cebola (vírus)...etc

▶ **Pragas**

As culturas de cebola são também susceptíveis a uma vasta gama de pragas, entre as quais mencionaremos as principais: Mosca da cebola (Delia antiqua), tripes (Thrips tabaci), mosca das plumas (Delia platura) e nemátodos de caules e bolbos (A, 2014).

### I.1.10. Utilização em farmacopeia

A Allium cepa está entre as plantas mais cultivadas. Os seus bulbos têm virtudes gastronómicas e medicinais. De facto, esta planta tem várias actividades biológicas, incluindo antibiótico, antidiabético, antioxidante, antiaterogénico e anticarcinogénico (CHAUG-JUN, 2014).CHAUG-JUN (2014) também acrescenta que alguns membros da sua equipa provaram durante experiências laboratoriais que o nível de colesterol no plasma sanguíneo pode ser eliminado ou reduzido consideravelmente, graças a diferentes doses de extracto de cebola. O genoma de Allium cepa é reconhecido como um reservatório de saponinas de Furosanol e algumas destas substâncias mostram actividade citotóxica in vitro contra várias linhas de células tumorais humanas. Na utilização tradicional na China, as bainhas bulbar Allium cepa demonstraram uma eficácia notável nos órgãos internos, tratamento da diarreia, efervescência, inchaço dos órgãos internos e dos olhos, bem como na circulação do fluido sanguíneo (CHAUG-JUN, 2014).

# CAPÍTULO II

# LOCALIZAÇÃO GEOGRÁFICA DAS REGIÕES DE ESTUDO

O nosso estudo teve lugar de Fevereiro de 2015 a Maio de 2015 em Kabylia, em duas estações completamente diferentes: a wilaya de Tizi-Ouzou (Figura 9).

**Fig. 9-** Localização geográfica das regiões de estudo (fonte: Google Earth, 2014, modificado).

## I.2. Estação de Ain-Zaouïa (Tizi-Ouzou)

O município de Ain-Zaouïa é limitado a Norte pelo município de Aït Yahia Moussa, a Sul pelo município de Frikat e Bounouh, a Este pelo município de Boghni e Mâatkas e a Oeste pelo Daïra de Drâa El Mizan. Está situada a 25,5 km do lado sudoeste da wilaya de Tizi-Ouzou. A estação de Ain-Ouzou (Figura 10) é caracterizada por um baixo relevo, uma inclinação de 5° e uma altitude não superior a 300 m. A área da parcela é de 9250.683 m² (D.P.A.T., 2014).

**Fig. 10** - a parcela da cebola na estação de Ain-Zaouïa (Original, 2015).

## I.3. Estação de Illoula-Oumalou (Tizi-Ouzou)

A comuna de Illoula-Oumalou é delimitada a Norte pela comuna de Bouzguene, a Sul pela Wilaya de Bejaïa, a Este pela comuna de Beni-Ziki e a Oeste pela comuna de Imsouhal e Illilten. Situa-se a 39,5 km do lado sudeste da wilaya de Tizi-Ouzou. É constituída por um todo heterogéneo com relevo irregular. Os declives situam-se entre 3 e 14° enquanto a altitude oscila entre 700 e 800 m. A área da parcela do estudo é de 692.664 m² (Figura 11) (D.P.A.T., 2014).

**Fig. 11** - a parcela da cebola na estação de Illoula-Oumalou (Original, 2015).

## I.4. Estudo dos factores climáticos

Segundo BOUDY (1952 inMESTAR, 1995), as características essenciais utilizadas para diferenciar os climas são as temperaturas e a precipitação, que são, de facto, os factores mais influentes na vegetação e nos animais. A fim de caracterizar o clima das nossas áreas de estudo, e na ausência de estações meteorológicas em Ain-Zaouïa e Illoula-Oumalou, utilizaremos os dados meteorológicos das duas estações mais próximas das nossas áreas de estudo. Estes são os dados de Boukhalfa (para ajustar os de Ain-Zaouïa), localizados a 188 m de altitude e os de Ait-Ouabane (para ajustar os de Illoula-Oumalou), localizados a 850 m de altitude (O.N.M., 2014), fazendo as correcções necessárias tendo em conta os factores orográficos.

### I.4.1. Precipitação

As estações de estudo estão sujeitas a um tipo de clima mediterrânico, caracterizado por precipitações abundantes durante as estações frias (Outubro a Junho) e uma seca relativamente curta (Julho e Agosto).RAMADE (1994), observa que no Mediterrâneo, o regime de precipitação é de Inverno e que a precipitação anual é principalmente durante os três meses de Inverno.Segundo SELTZER (1946), a distribuição da precipitação na Argélia é caracterizada pelo aumento da precipitação com a altitude, mas diminui à medida que nos afastamos da costa.A precipitação média da região de Ain-Zaouïa e Illoula-Oumalou será corrigida de acordo com o método de SELTZER (1946), que indica que a lâmina de precipitação aumenta 80 mm para uma elevação de 100 m. Os valores da precipitação média mensal ajustada para as duas regiões de estudo, durante o período 2000-2014, estão representados nos dois quadros 4 e5.

**Tabela 4** - Precipitação média mensal ajustada (mm) de Ain-Zaouïa (período 2000- 2014).

| Mês | Janeiro | Fevereiro | Março | Abril | Maio | Junho | Julho | Agosto | Setembro | Outubro | Novembro | Dezembro | Total |
|---|---|---|---|---|---|---|---|---|---|---|---|---|---|
| Precipitação média (mm) | 124,82 | 69,63 | 80,55 | 81,95 | 62,69 | 8,73 | 3,19 | 7,26 | 41,34 | 63,47 | 120,51 | 133,37 | 797,51 |

De Tab. 4, o intervalo de precipitação anual estimado para Ain-Zaouïa (período 2000-2014) é de 797,51 mm. O mês de Dezembro teve a precipitação mais elevada de 133,37 mm.Quanto a Julho, é o mês em que a precipitação está no seu nível mais baixo (3,19 mm).

**Tabela 5** - Precipitação mensal média ajustada (mm) de Illoula- Oumalou (período 2000-2014).

| Mês | Janeiro | Fevereiro | Março | Abril | Maio | Junho | Julho | Agosto | Setembro | Outubro | Novembro | Dezembro | Total |
|---|---|---|---|---|---|---|---|---|---|---|---|---|---|
| Precipitaçã o média (mm) | 156,58 | 105,89 | 98,46 | 125,81 | 96.2 | 18,43 | 7,62 | 18,94 | 59,15 | 84,45 | 140,17 | 181,51 | 997.01 |

A precipitação é bastante elevada mas distribuída de forma desigual ao longo do ano e altamente variável de um ano para o outro. A região recebe uma precipitação que geralmente oscila entre 800 e 900 mm.Para o ano 2014, a estação de estudo situada entre 700 e 800 m acima do nível do mar, recebeu uma precipitação média anual de 832,99 mm. O mês mais chuvoso é também Dezembro com uma média de 275,69 mm e o mês mais seco é Julho com 6,49 mm. De acordo com o Quadro 5 e nos últimos 24 anos, a precipitação total é de 997,01 mm.

### I.4.2. Temperaturas

SELTZER (1946) sugere inclinações de 0,4°C por 100 m de altitude para mínimos e 0,7°C para máximos (M). Estimamos as temperaturas médias das duas regiões de estudo em relação às duas estações de referência, tal como para a precipitação. Os valores das temperaturas médias mensais estimadas para as nossas duas regiões de estudo (período 2000-2014) estão representados tanto em Tab.6 como em Tab.7.

**Quadro 6:** Temperaturas médias mensais ajustadas (°C) da região de Ain-Zaouia (período 2000-2014).

| Mês | Jan | Fev | Março | Abr | Maio | Junho | Noite | Agosto | Sete | Out | Nov | Dez |
|---|---|---|---|---|---|---|---|---|---|---|---|---|
| Temperatura média/mínima m (°C) | 6,03 | 6,78 | 8,66 | 10,76 | 13,99 | 18,03 | 21,38 | 21,65 | 18,38 | 15,66 | 10,57 | 7,45 |
| Média/Mínima T° M °C | 14,79 | 16,07 | 19,35 | 21,5 | 25,85 | 31,77 | 35,47 | 35,34 | 30,59 | 27,09 | 19,72 | 15,82 |
| Média/Mínima T° (M+m/2) °C | 10,41 | 11,43 | 14,01 | 16,13 | 19,92 | 24,90 | 28,43 | 28,50 | 24,49 | 21,38 | 15,15 | 11,64 |

De Tab. 6, podemos ver que a região de Ain-Zaouïa é caracterizada por duas estações contrastantes; uma estação quente e uma estação fria.

• A estação quente é de Maio a Outubro. Julho e Agosto são os meses mais quentes. As temperaturas máximas são registadas durante estes dois meses, com 35,47°C e 35,34°C respectivamente.

• A estação fria decorre de Novembro a Abril, sendo Janeiro e Fevereiro os meses mais frios, com mínimos de 6 ,03°C e 6 ,78°C respectivamente.

**Quadro 7** - Temperaturas médias mensais ajustadas (°C) d a região de Illoula-Oumalou (período 2000-2014).

| Mês | Ja n | Fev | O meu rs | Av r | O meu i | Ju em | Noite | Aou t | Set | O ct | Não v | Dez |
|---|---|---|---|---|---|---|---|---|---|---|---|---|
| T°Média/Mín (min) m em °C | 3,42 | 0,6 7 | 6,59 | 8,1 8 | 12,1 3 | 16,5 2 | 20,3 5 | 21,4 7 | 16,7 6 | 13,8 6 | 9,6 4 | 5,86 |
| T°Média/Mín (máx) M em °C | 10,2 8 | 7,5 6 | 15,6 5 | 18, 19 | 23,1 2 | 27,6 6 | 33,7 9 | 33,3 8 | 28,4 6 | 23,5 3 | 15, 31 | 14,56 |
| Média/Mens T° (M+m/2) em °C | 6,68 | 4,1 2 | 11,1 2 | 13, 19 | 17,6 3 | 22,0 9 | 27,0 7 | 27,4 2 | 22,6 1 | 18, 7 | 12, 47 | 10,21 |

De acordo com Tab.7, notamos que a região de Illoula-Oumalou é também caracterizada por duas estações contrastantes; uma estação quente e uma estação fria.

▶ A estação quente é de Maio a Outubro. Julho e Agosto são os meses mais quentes. As temperaturas máximas são registadas durante estes dois meses com 33,79°C e 33,38°C respectivamente.

▶ A estação fria decorre de Novembro a Abril. Janeiro e Fevereiro são os meses mais frios, com mínimos muito baixos de cerca de 3,42°C e 0,67°C, respectivamente.

### II.3.4. Síntese bioclimática

Para ilustrar o bioclima da nossa área de estudo, utilizámos dois métodos:
▶ O Diagrama Umbrotérmico de BAGNOULS e GAUSSEN ;

▶ O Quociente de Chuva EMBERGER.

▶ **Diagramas Umbrotérmicos de BAGNOULS e GAUSSEN**

A fim de avaliar a intensidade e duração do período seco numa dada região,

BAGNOULS e GAUSSEN (1952) estabeleceram um diagrama umbrotérmico que expressa a relação entre a pluviosidade e as temperaturas médias mensais.

De acordo com SELTZER (1946), um mês é considerado seco se a precipitação média mensal total (mm) for inferior ou igual ao dobro da temperatura média do mesmo mês (°C).

Esta relação é expressa como uma equação:

$$P \leq 2T \text{ or } P/T \leq 2$$

Com :

P: Precipitação média mensal (mm);T: Temperatura média mensal (°C).

Com base nesta equação, desenhámos o diagrama umbrotérmico da região de Ain-Zaouïa e o de Illoula-Oumalou (Figuras 12 e 13) para o período 2000 -2014.

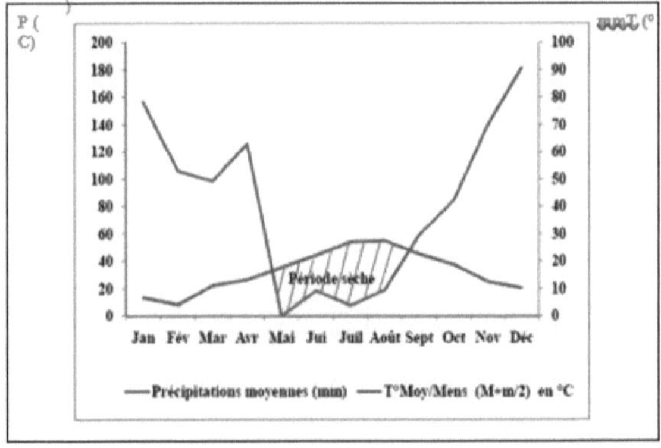


**Fig. 12 -** Diagrama umbrotérmico de BAGNOULS e GAUSSEN para a região de Ain- Zaouïa.

A análise do diagrama (Figura 12) para a região de Ain-Zaouïa mostra que o período seco é de cerca de 04 meses. Estende-se do início de Maio a meados de Setembro, enquanto o período húmido se estende de meados de Setembro até ao início de Maio.

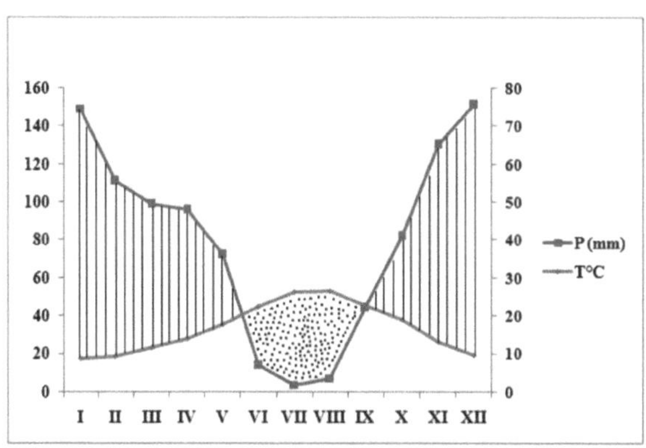

**Fig. 13 -** Diagrama umbrotérmico de BAGNOULS e GAUSSEN para a região
de Illoula-Oumalou.

A análise do diagrama (Figura 13) para a região de Illoula-Oumalou mostra que
o período seco é de três meses. Estende-se desde o início de Junho até ao final
de Setembro, enquanto o período húmido se estende de Outubro até ao final de
Maio.

▶ **EMBERGER Quociente de Chuva / EMBERGER Climagramas**

Para caracterizar um bioclima, EMBERGER (1952) estabeleceu um quociente
representado pela relação entre a precipitação média anual e as temperaturas
médias. A expressão deste quociente é a seguinte:

$$Q2 = 2000 \times P / M^2 - m^2$$

(Q2: Quociente de pluviosidade).

Q2 é o índice pluviométrico baseado em critérios relacionados com a
precipitação média anual P (mm), o mínimo médio do mês mais frio do ano (m),
e o máximo médio do mês mais quente (M).

**P :** Precipitação média anual em mm ;

**M** : Média dos máximos do mês mais quente em grau kelvin (°K) ;

**m** : Média dos mínimos do mês mais frio em grau kelvin (°K). A fórmula foi simplificada por STEWART (1969) como se segue:

$$Q3 = (3.43 \times P) / (M - m)$$

Com **M** e **m** expressos em graus Celsius (°C).

Da equação de STEWART (1969), o Q3 calculado para a região de Ain-Zaouïa é 92,92, concluindo assim que esta região está localizada em relação ao climagrama de EMBERGER, na fase bioclimática temperada sub-húmida de Inverno. Para a região de Illoula- Oumalou, estimamos o seu Q3 em 103,25, concluindo assim que esta região se situa no estádio bioclimático húmido a frio no Inverno (Figura 14).

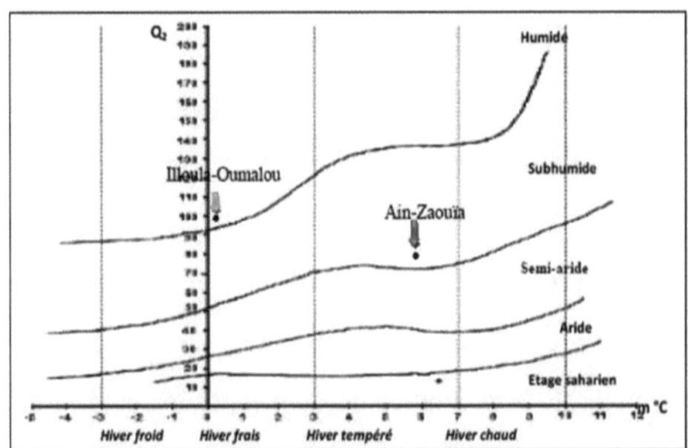


**Fig. 14** - Situação da região de Ain-Zaouïa e Illoula-Oumalou no Climagrama de EMBERGER.

# CAPÍTULO III

## MATERIAIS E MÉTODOS

## I.5. Materiais de amostragem

Segundo VILLIERS (1977), a recolha de insectos na natureza, nas montanhas, na floresta ou nos campos requer um mínimo de material de captura adoptado mais ou menos importante de acordo com o tipo de investigação prevista, o material que utilizamos para realizar este estudo é o seguinte: armadilhas com vasos de barbeiro, tubos de ensaio, sacos de plástico e placas de Petri As espécies inventariadas são o resultado de viagens efectuadas durante 4 meses (de Fevereiro de 2015 a Maio de 2015). Durante este período, capturámos 19186 indivíduos distribuídos por 145 espécies.

## I.5.1. Boiões de barbeiro

Estas armadilhas são feitas de bacias de plástico para substituir os vasos Barber (figura 15), utilizámos em cada uma das estações inquiridas vinte armadilhas igualmente distribuídas em cada parcela da mesma estação, a uma taxa de duas parcelas por estação e dez armadilhas por parcela, entre duas bacias a uma distância de 20 e 02 m para a estação de Ain-Zaouïa e a estação de Illoula-Oumalou, respectivamente.As bacias são cheias dois terços com água e um terço com detergente líquido para atrair e preservar os insectos, e lixívia e etanol para preservar os insectos enquanto estes são colhidos. Em cada parcela, as armadilhas são enterradas no solo para que os seus bordos superiores fiquem alinhados com o solo. Este método é utilizado principalmente para a captura de escaravelhos.

**Fig. 15** -A bacia cheia de água e detergente (Original, 2015).

## I.5.2. Tubos de ensaio em plástico

Os tubos são enchidos a 2/3 com 70% de álcool e hermeticamente fechados. São necessários para a conservação de lagartas e larvas, bem como afídeos, dípteros e hímenópteros. Também os utilizamos sem álcool, para a recolha de Coleoptera e Orthoptera, que estão equipados com um aparelho bucal do tipo esmagador que pode furar facilmente os sacos de plástico.

## I.5.3. Sacos de plástico

Permitem-nos facilitar o transporte de amostras do local do estudo para o laboratório com informações sobre a planta hospedeira, a data e o local da colheita.

## I.5.4. Plástico Petri prato

A fim de preservar temporariamente de forma muito prática insectos como o himenóptero, colocamos algodão na parte inferior da caixa e colamos uma etiqueta no lado superior com as menções de data e local de captura. É de notar que os insectos alojados nestas placas de Petri são então secos ao ar livre.

## I.6. Métodos de colheita

No campo, a captura manual não requer instrumentos especiais para vários grupos de insectos como Coleoptera e Orthoptera. Na cultura, observam-se vários tipos de insectos, encontramos saltadores e andadores enquanto outros permanecem fixos na planta (folha, caule). Para isso, cerca de cinquenta folhas são colhidas aleatoriamente nas filas de cada parcela e depois transportadas para o laboratório, em sacos plásticos com toda a informação necessária, tais como, o local da amostragem, a planta hospedeira e a data da captura. Estas amostras são observadas com uma lupa binocular para identificar os insectos.

## I.7. Métodos de trabalho no laboratório

Os insectos recolhidos são, tal como são recolhidos, dispostos por ordem sistemática em caixas de recolha entomológica. Os espécimes grandes são fixados directamente por um pino entomológico C inserido ao nível do élitro direito para Coleoptera e ao nível do tórax para Hymenoptera e Diptera. No entanto, pequenos espécimes são previamente conservados na solução alcoólica.

## I.8. Identificação da entomofauna encontrada nas áreas de estudo

As amostras recolhidas no campo são analisadas em laboratório, começando com uma primeira triagem que consiste em separar: os artrópodes dos outros filamentos (Anelídeos, Moluscos), depois a classe de insectos dos outros artrópodes (Myriapodes, Aracnídeos, Crustáceos). O segundo passo é separar os insectos por ordem e depois por família para chegar a uma definição de espécie quando possível (Figura 16).

**Fig. 16** -Exibição **do** método de triagem no laboratório (foto original 2015).

## III.4.b. Contagem

Após a contagem dos indivíduos, os pequenos insectos são conservados em frascos contendo 70% de álcool, com as seguintes informações: data; ordem; família; tipo de armadilha e número de indivíduos, bem como parcela de estudo. As mesmas indicações são mencionadas em placas de petri em que, os indivíduos de tamanho médio a grande, são secos, fixados e espalhados para os preparar mais tarde para identificação.

## III.4.c. Identificação

Com a colaboração de alguns especialistas:

► AOUAR M., professor e professor A. na universidade Mouloud MAMMERI de Tizi-Ouzou ;

►[eu] BOUAZIZ H., professor assistente na Universidade Mouloud Mammeri de Tizi-Ouzou;

► eu SETBEL S., professor e docente A. na Universidade Mouloud MAMÍHERI.

E graças à utilização das chaves de determinação dos insectos: (PERRIER, 1927, 1932; 1961), (PIHAN, 1986), (DELVARE e ABERLENC, 1989), (CHINERY, 1988), SEGUY (1923), a identificação das capturas é efectuada para a totalidade dos indivíduos recolhidos. A determinação dos artrópodes é feita através da observação e comparação das partes quitinosas, tais como pernas, élitros, mandíbulas, etc. .... com a das colecções de referência identificadas.

## III.5.  Tation Of The Results Por Índices Ecológicos de Composição

Utilizámos os seguintes índices ecológicos: riqueza total de espécies (s), riqueza média de espécies (Sm) e frequência centesimal

## III.5.1. Riqueza total das espécies (S) e riqueza média das espécies

A riqueza específica total (S) é o número total de espécies no povoamento considerado num determinado ecossistema. Representa um dos parâmetros fundamentais que caracterizam um povoamento (RAMADE, 1984). A riqueza média de espécies é o número médio de espécies presentes numa amostra do biótopo de RAMADE (2003).

## III.5.2. Frequência centesimal (relativa abundância)

De acordo com DAJOZ (1971), a frequência centesimal é a percentagem de indivíduos de uma dada espécie em relação ao número total de indivíduos. É calculada através da seguinte fórmula:

**F(%)= (ni/N)*100**

**ni:** é o número de indivíduos de uma dada espécie.

**N:** é o número total de indivíduos de todas as espécies combinados.

## III.6. Estruturas ecológicas aplicadas à fauna amostrada

### III.6.1. Índice Shannon-Weaver

Segundo a RAMADE (2003), a diversidade de um stand fornece informações sobre a forma como os indivíduos são distribuídos entre as várias espécies. O índice Shannon-Weaver tem em conta o número de espécies presentes no ambiente e a abundância de cada uma delas. É calculado utilizando a fórmula :

$$H' = -\sum p_i \log_2 p_i$$

**H'** : índice de diversidade expresso em unidades de bits.

**Pi:** A abundância relativa de cada espécie $Pi = ni/N$. log2: Logaritmo neperiano até à base de 2.

De acordo com BLONDEL (1979), este índice mede o grau de complexidade de um stand.

▶ H' é alto: O estande é composto p o r  um grande número de espécies com uma baixa representatividade.

▶ H' é baixo: o estande é dominado por uma espécie ou um pequeno número de espécies com uma elevada representatividade.

Estes índices dão informações sobre a diversidade de cada ambiente tomado em consideração. Se este valor for baixo, próximo de 0 ou 1, o ambiente é pobre em espécies, ou que o ambiente não é favorável. Este índice varia tanto de acordo com o número de espécies presentes como de acordo com a abundância de cada uma delas (BARBAULT, 2008).


### III.6.2. Índice de Equitabilidade

É a razão entre a diversidade real da comunidade H' e a diversidade teórica máxima H' max (Log2S) (RAMADE, 2003).

$$E = H' / \log_2 S$$

O índice de equitabilidade varia entre 0 e 1. A equitabilidade E tende para 0 quando uma espécie domina largamente o povoamento e é igual a 1 quando todas as espécies têm a mesma abundância (tende para o equilíbrio) (DAJOZ, 2003).

## II. Resultados do inventário nas parcelas do estudo

As espécies inventariadas são o resultado de viagens efectuadas durante 4 meses (de Fevereiro de 2015 a Maio de 2015). Durante este período, capturámos 19186 indivíduos distribuídos por 145 espécies.

### II.1. Composição faunística geral

O resultado da amostragem revela a presença de um total de 16 pedidos divididos em 77 famílias e 145 espécies. No quadro seguinte vemos uma importante riqueza específica das regiões de estudos divididas em diferentes grupos (Tab. 8).

**Quadro 8 -** Quadro-resumo de todos os grupos identificados nas duas estações de estudos.

| Grupos | Insectos | Aracnídeos | Collembola | Annelids | Myriapods | Crustáceos | Gastrópodes |
|---|---|---|---|---|---|---|---|
| Encomendas | 07 | 02 | 03 | 01 | 01 | 01 | 01 |
| Famílias | 56 | 11 | 04 | 01 | 01 | 01 | 03 |
| Espécie | 116 | 15 | 05 | 01 | 01 | 01 | 06 |

Da tabela acima, extraímos o seguinte histograma:

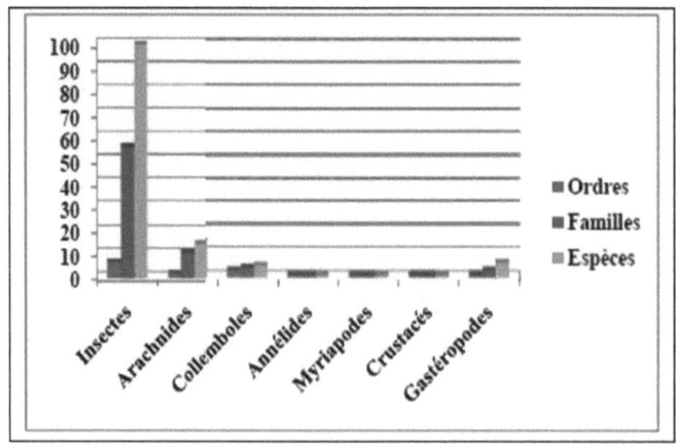


**Fig. 17-** o conjunto de grupos identificados nas duas estações de estudo.

De acordo com o histograma: notamos uma presença importante dos seguintes grupos: Insectos (com 7 ordens e 116 espécies), Collembola (com 3 ordens e 5 espécies) e Arachnida (com 2 ordens e 15 espécies) que têm uma riqueza muito pronunciada e uma diversidade específica para cada espécie. Os gastrópodes estão moderadamente representados (com 1 ordem e 6 espécies) em termos de diversidade de espécies e número de espécies, os Annelids, Myriapods e Crustáceos apresentam uma riqueza muito baixa e diversidade de espécies (ou seja, apenas uma ordem, uma família e uma espécie para cada). (Quadro 13, Anexo I). Observamos que as espécies presentes nas duas estações de estudo não são totalmente diferentes, no entanto, encontramos espécies presentes na região de Illoula-Oumalou e ausentes na região de Ain-Zaouïa e vice-versa. (Quadro 14 e 15, Apêndice II e III).

## II.2. Composição Faunal por estação de estudo

As principais espécies identificadas e a sua relativa abundância em cada estação de estudo estão representadas nas seguintes tabelas e espectros:

## II.2.1. Estação de Ain-Zaouïa

O resultado da amostragem revela a presença de um total de 16 encomendas distribuídas em 66 famílias e 107 espécies em Ain-Zaouïa (Tab. 9).

**Quadro 9 -** Todos os grupos identificados na estação de Ain-Zaouïa :

| Grupos | Insectos | Aracnídeos | Collembola | Annelids | Myriapods | Crustáceos | Gastrópodes |
|---|---|---|---|---|---|---|---|
| Encomendas | 07 | 02 | 03 | 01 | 01 | 01 | 01 |
| Famílias | 45 | 11 | 04 | 01 | 01 | 01 | 03 |
| Espécie | 78 | 15 | 05 | 01 | 01 | 01 | 06 |

O quadro 9, mostra que ao nível da estação de Ain-Zaouïa, há a presença de todos os grupos identificados: (Insectos, Aracnídeos, Collembola, Anelídeos, Crustáceos e Gastrópodes) distribuídos em 16 ordens das quais o grupo mais representativo é o dos Insectos que inclui 7 ordens, 45 famílias e 78 espécies. O grupo dos Insectos representa uma importante riqueza específica com 78 espécies, no entanto o número de indivíduos de cada espécie é médio a baixo representado.

## II.2.2. Estação de Illoula-Oumalou

O resultado da amostragem revela a presença de um total de 11 encomendas divididas em 43

famílias e 100 espécies em Illoula-Oumalou (Tab. 10).

**Tabela 10 -** Todos os grupos identificados na estação de Illoula-Oumalou

| Grupos | Insectos | Aracnídeos | Collembola | Annelids |
|---|---|---|---|---|
| Encomendas | 05 | 02 | 03 | 01 |
| Famílias | 29 | 09 | 04 | 01 |
| Espécie | 83 | 11 | 05 | 01 |

O quadro 10, mostra que ao nível da estação de llloula-Oumalou, existem quatro grupos identificados nomeadamente Insectos, Aracnídeos, Collembolas e Anelídeos que se distribuem em 11 ordens, das quais o grupo mais representativo é o dos Insectos que inclui 5 ordens, 29 famílias e 83 espécies O grupo dos Insectos representa uma importante riqueza específica com 83 espécies, no entanto o número de indivíduos de cada espécie é médio a baixo representado.

## II.3. Exploração dos resultados obtidos nas duas estações de estudo

Os resultados obtidos são explorados pelos índices ecológicos de composição que são: a riqueza específica e média e a abundância relativa.

### II.3.1. Exploração dos resultados pelos índices de composição

### II.3.1.1. Riqueza específica e média da entomofauna

### A. Riqueza específica e média da entomofauna de Ain-zaouïa

A riqueza média específica (S) e média (Sm) das espécies amostradas com os potes de barbeiro são consideradas na parcela da cebola e são mencionadas em Tab. 11.

**Quadro 11** - Riqueza específica e riqueza média da entomofauna de Ain-zaouïa.

| | Boiões de barbeiro | | | | |
|---|---|---|---|---|---|
| Estação | Mês | Fevereiro | Março | Abril | Maio |
| Ain-Zaouïa | Riqueza total (S) | 24 Espécies | 29 Espécies | 35 Espécies | 30 Espécies |
| | Riqueza média (S) | 29.5 Espécies | | | |

A riqueza total de entomofauna recolhida numa parcela de cebola em Ain-Zaouïa com potes de barbeiro flutua entre 24 espécies em Fevereiro, 35 espécies em Abril e 30 espécies em Maio com uma riqueza média de 29,5 espécies.

## B. Riqueza específica e média da entomofauna de Illoula-Oumalou

A riqueza média específica (S) e média (Sm) das espécies amostradas utilizando os vasos Barber são consideradas na parcela da cebola e são relatadas em Tab. 12.

**Quadro 12** - Riqueza específica e riqueza média da entomofauna de Illoula-Oumalou.

| | | Boiões de barbeiro | | | |
|---|---|---|---|---|---|
| Estação | Mês | Fevereiro | Março | Abril | Maio |
| Illoula-Oumalou | Riqueza total (S) | 23 Espécies | 25 Espécies | 3O Espécie | 36 Espécies |
| | Riqueza média (S) | 28.25 Espécies | | | |

A riqueza total da entomofauna recolhida numa parcela de cebola em Illoula-Oumalou com vasos de barbeiro flutua entre 23 espécies em Fevereiro, 36 espécies em Maio com uma riqueza média de 28,25 espécies. A riqueza de espécies nas duas regiões não é diferente, isto deve-se ao facto de que as duas estações não têm o mesmo tamanho.

## II.3.1.2. Frequências centesimais

## A. Frequências centesimais de diferentes espécies amostradas numa parcela de cebola em Ain-Zaouïa

A distribuição das espécies capturadas pelos barbeiros em Ain-Zaouïa de acordo com as famílias, ordens e grupos sistemáticos são agrupados no Quadro 14 (Anexo II). O Quadro 14 (Anexo II), permitiu-nos desenhar o seguinte espectro:

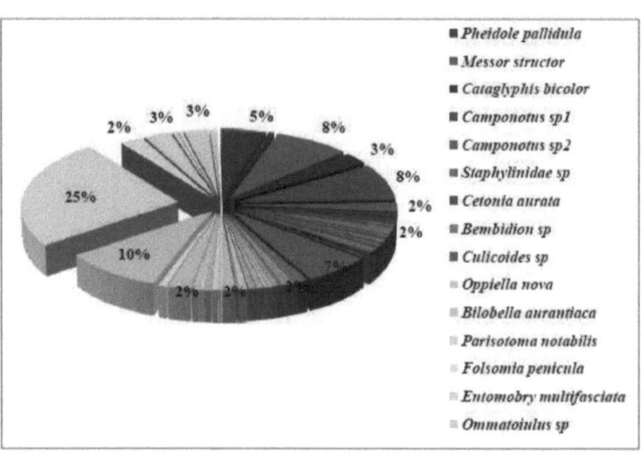


**Fig. 18** - Frequências centesimais das espécies capturadas na zona de Ain-Zaouïa.

A abundância relativa da espécie varia entre 0,28% e 24,69%. São as caudas de Primavera que dominam em Abundâncias assim, notamos que (Parisotoma notabilis 25%) continua a ser a espécie mais presente com 888 indivíduos, seguida por (Bilobella aurantiaca 10%), com 347 indivíduos e (Messor structor 8%), com 300 indivíduos, depois vem (Camponotus sp 7%), com 290 indivíduos e (Culicoides sp 6%) com 235, (Entomobry multifasciata 3%), 107 indivíduos e o número de outras espécies variam entre 1 e 99 indivíduos, ou seja, uma percentagem que varia de 1 a 2% . (Quadro 14, Apêndice II).

**B. Frequências centesimais de diferentes espécies amostradas numa parcela de cebola em Illoula-Oumalou**

A distribuição das espécies capturadas por Barber pots em Illoula-Oumalou de acordo com Barber pots está agrupada no Quadro 15.

O quadro 15 (Anexo III), permitiu-nos desenhar o seguinte espectro:

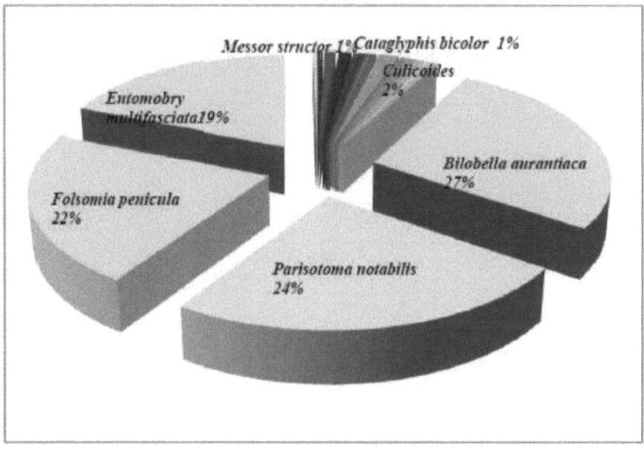


**Fig. 19** - Frequências centesimais das espécies capturadas na zona de Illoula-Oumalou.

Collembola dominam em abundância com quatro espécies na seguinte ordem decrescente: (Bilobella aurantiaca, Parisotoma notabilis, Folsomia penicula e Entomobry multifasciata) com as seguintes frequências relativas (27, 24, 22 e 19 %), seguido de Culicoides sp com 2%, Messor structor e Cataglyphis bicolor com 1%. Finalmente, o número de outras espécies varia entre 1 e 138 indivíduos (Quadro 15, Anexo III).

## II.3.2. Exploração dos resultados pelo índice de estrutura

Os resultados que dizem respeito aos índices de diversidade Shannon-Weaver (H'), diversidade máxima (H'max.) e equitabilidade (E) aplicados às espécies de artrópodes presos graças aos vasos de Barber nas parcelas de Ain-Zaouïa e Illoula-Oumalou, são apresentados da seguinte forma

## A. Barber pots (armadilhas terrestres) na região de Ain-Zaouïa

Os resultados que dizem respeito aos índices de diversidade de Shannon-Weaver (H'), diversidade máxima (H 'max.) e equitabilidade (E) aplicados às espécies de artrópodes capturados por Barber pots numa parcela de cebola em Ain-Zaouïa, são apresentados como se segue.

**Tabela 16** - Índice de diversidade Shannon Weaver (H'), índice de diversidade máximo (H' max.) e índice de equitabilidade aplicado às espécies de artrópodes capturadas por Barber pots numa parcela de cebola em Ain-Zaouïa.

| Índices | O terreno |
|---------|-----------|
| H' | 4,43 |
| H' max | 6,74 |
| E | 0,65 |

H' (Bits): Shannon Weaver diversidade, H' max H' max (Bits) : Máxima diversidade E: Equitabilidade. A tabela acima mostra-nos que na parcela da cebola em Ain-Zaouïa, ao nível dos vasos de Barber, a diversidade Shannon-Weaver (H') é igual a 4,43 bits, com uma diversidade máxima H' max igual a 6,74 bits, e uma equitabilidade registada a 0,65; o que significa que as espécies não têm a mesma abundância, e que os seus números não estão concentrados numa única espécie.

## B. Barbeiros (armadilhas no solo) na região de Illoula-Oumalou

Os resultados que dizem respeito aos índices de diversidade Shannon-Weaver (H'), diversidade máxima (H'max.) e equitabilidade (E) aplicados às espécies de artrópodes presos pelos vasos de Barber numa parcela de cebola em Illoula-Oumalou, são apresentados da seguinte forma

**Tabela 17** - Valores do índice de diversidade da Shannon Weaver (H'), índice de diversidade máximo (H' max.) e índice de equitabilidade aplicado às espécies de artrópodes capturadas por Barber pots numa parcela de cebola em Illoula-Oumalou.

| Índices | O terreno |
|---------|-----------|
| H' | 2,65 |
| H' | 6,64 |
| E | 0,39 |

H' (Bits): Shannon Weaver diversidade, H' max (Bits): Máxima diversidade
E: Equitabilidade

A tabela acima mostra que na parcela da cebola em Illoula-Oumalou, ao nível do pote de barbeiro, a diversidade Shannon-Weaver (H') é igual a 2,65 bits, com uma diversidade máxima H' máxima igual a 6,64 bits, e uma equitabilidade registada a 0.39; isto significa que o povoamento é dominado por um único ou pequeno grupo de espécies. É de notar que o índice de diversidade de Shannon-Weaver e equitabilidade aplicado às espécies de artrópodes capturados pelos diferentes tipos de armadilhas, entre as parcelas Ain-Zaouïa e Illoula-Oumalou apresentam uma grande lacuna. A diversidade de Shannon-Weaver, varia entre 2,65 bits e 4,43 bits, pelo que a diferença é de 1,78 bits. Para a diversidade máxima, que varia entre 6,64 a 6,74, de modo que não apresentam uma grande lacuna. A equitabilidade para a parcela de Ain-Zaouïa (0,65) é elevada, o valor é próximo de 1, atesta o facto de que os números de espécies capturadas na estação tendem a estar em equilíbrio uns com os outros. Quando a equitabilidade da parcela de Illoula-Oumalou (0,39) está próxima de 0, atesta que está em desequilíbrio, ou seja, que a população é dominada por apenas uma ou algumas espécies.

# CAPÍTULO IV

## DISCUSSÃO DOS RESULTADOS

As discussões sobre os resultados por índices de composição ecológica são: riqueza total e média, frequências centesimais ou abundâncias relativas AR (%). Os valores da riqueza total (S) e média (Sm) das espécies amostradas utilizando as diferentes técnicas de amostragem são considerados em ambas as parcelas de cebola. A riqueza total da parcela localizada em Ain-Zaouïa é de 107 espécies e a riqueza total da parcela em Illoula-Oumalou é de 100 espécies. Assim, a diferença é de 7 espécies, o que explica que a parcela de Ain-Zaouïa tem mais espécies e mais diversificada do que a parcela de Illoula-Oumalou. A riqueza total das espécies capturadas é de 145 espécies com uma riqueza média que varia de 23 a 36 espécies. O número de ordens que conseguimos identificar nas duas regiões de estudo é de 16 ordens, o que é baixo em comparação com os resultados de FRANCHIMONT e SAADAOUI (2001), que identificaram 20 ordens pertencentes ao filo dos artrópodes durante o seu estudo sobre a biodiversidade dos invertebrados de Marrocos. Por outro lado, no sul da Costa do Marfim, o trabalho de YAPO et al (2012), puderam constatar que 8 ordens de insectos aquáticos. No entanto, a relativa abundância de espécies recolhidas na nossa parcela de estudo por barbeiros de vaso varia de região para região.A estação de Ain-Zaouïa marca a presença de todos os grupos identificados durante o período do estudo: (Annelids, Arachnids, Collembola, Myriapods, Gastropods, Crustacea e Insectos) divididos em 16 ordens, enquanto FERNANE (2009), durante o seu estudo sobre a entomofauna em Larabàa Nath Irathen, relata 12 ordens, MIMOUN (2007), durante o seu trabalho sobre a floresta de Beni-Ghobri, também relata 12 encomendas, durante este estudo, o grupo mais representativo é o dos Insectos que inclui 7 encomendas distribuídas em 45 famílias e 78 espécies com uma abundância relativa desigualmente distribuída entre as espécies. Contudo, é a ordem dos Hymenoptera que marca uma representatividade importante graças à família Formicidae com uma abundância relativa elevada para cada espécie (Pheidole pallidula, Messor barbara, Messor structor, Cataglyphis bicolor, Camponotus sp1, Camponotus sp2 e Tapinnoma negerrinum com 177, 20, 290, 99, 300, 75 e 40 indivíduos respectivamente). Isto está provavelmente relacionado com o facto de as formigas viverem em todo o lado, no solo, no solo e mesmo nas árvores, predominando todas as espécies animais (DEPRINCE, 2003). FERNANE (2009), nota a abundância de Heteroptera nos arbustos, com uma frequência relativa de 29,13%; enquanto MIDOUN e SLIMANI (2009), relatam a abundância da ordem de Diptera, também MIMOUN (2006), nota que as ordens mais apresentadas são as de Coleoptera e Orthoptera com a mesma frequência que é 26,5%. Nas Aures, o trabalho da GUETTALA (2009), revela a abundância de Hemiptera.Depois vem o grupo de Collembola representado por 3 ordens, 4 famílias e 5 espécies, com uma abundância relativa muito boa para cada espécie, o que se deve provavelmente à riqueza desta estação em matéria orgânica.O grupo de Aracnídeos vem em terceira posição com o domínio dos ácaros com 6 famílias e 8 espécies, a espécie Opiella nova (família Oribates) domina em número com 79 indivíduos seguida pelos Macrocheles sp (família Macrochelidae) parasitas dos ruminantes e Trombidiidae sp (família Actinedidae) que são parasitas dos artrópodes. O grupo de Gastropods, embora representado por apenas uma ordem, tem uma riqueza específica moderadamente elevada com 3 famílias e 6 espécies, dominado por Cernuella virgata com 7 indivíduos seguido por Eobania vermiculata com 6 indivíduos.

Os outros grupos (Annelids, Myriapods e Crustáceos) estão mal representados com uma ordem, uma família e uma espécie para cada um. No entanto, o número de Myriapods (Ommatoiulus sp) e Annelids (Lumbricus terrestris) é elevado, o que pode estar relacionado com o facto de estes dois grupos estarem espalhados por solos ricos em matéria orgânica, tal como relatado por GOBAT et al.A estação de Illoula-Oumalou, apresenta apenas quatro grupos identificados, notamos que os Insectos são o grupo mais representativo com 5 ordens, 29 famílias e uma riqueza específica muito elevada, 83 espécies, esta situação pode ser explicada pelo factor altitude, De facto, a altitude parece favorável ao Hymenoptera, que marca uma presença importante especialmente para a família Formicidae (elevado número de espécies), bem como para os polinizadores (Halictidae, Andrenidae, Vespidae e Braconidae). Por outro lado, MIDOUN e SLIMANI (2009), durante o seu trabalho sobre os Artrópodes de Djurdjura, relataram a presença de 11 encomendas amostradas graças aos vasos de Barber; FERNANE (2009), pôde relatar a presença de 10 encomendas; além disso, numa floresta do Panamá, o mesmo método revela 11 encomendas (CORBARA, 2004)

Besouros, manifestam a sua influência no solo principalmente através das suas larvas; pois podem servir como indicadores de altitude (GOBAT et al., 2010). Os dípteros são também muito representativos porque estas duas ordens têm as mesmas necessidades em humidade e têm dietas variadas (PESSON, 1971). GHEROUS e HAMMAD (2010), conseguiram mostrar a predominância de Coleoptera na estação de Ain El Hammam, durante o seu estudo sobre o inventário da pedofauna de Kabylie.

Os Collembola tomam a segunda posição em termos de riqueza específica com 3 ordens, 4 famílias e 5 espécies, no entanto, marcam uma presença importante no solo com um número que vai de 2912 a 4200 indivíduos e isto deve-se à humidade. Os Collembola desempenham um papel importante na circulação do azoto no solo. O grupo dos Aracnídeos ocupa o terceiro lugar com o domínio da ordem Araneae dividida em 5 famílias (Lycosidae, Drassidae, Gnaphosidae, Thomisidae e Salticidae). GHEROUS e HAMMAD (2010), também mostraram o domínio dos Aracnídeos em comparação com outros grupos na região de Boughni, e isto deve-se às propriedades edáficas do solo (a quantidade e qualidade da matéria orgânica desta estação). O grupo Annelid continua a ser o menos representado em termos de riqueza de espécies com apenas uma ordem, uma família e uma espécie Lumbricus terrestris, esta última é moderadamente abundante em termos de números, o que se deve à presença de matéria orgânica.A ausência dos outros grupos (Crustacea, Myriapoda e Gastropoda) deve-se provavelmente à abundância de calcário que é um factor limitativo para esta fauna (PESSON, 1971; DEPRINCE, 2003).O índice de diversidade de Shannon-Weaver aplicado às espécies recolhidas pelos barbeiros é ligeiramente elevado na parcela localizada na região de Ain-Zaouïa, H' é igual a 4,43 bits, de modo semelhante a GOUSSEM (2010), durante a sua investigação sobre a biodiversidade dos artrópodes do pântano de Reghaia relata que o índice de Shannon-Weaver apresenta um valor de 5 bits. Uma equitabilidade bastante elevada é registada na mesma parcela a 0,65 este valor tende para 1 o que reflecte um certo equilíbrio entre as espécies do ambiente. Do mesmo modo, para BENDANIA, (2013) constatou na estação de Sebkhet Safioune (Ouargla) que o índice de diversidade de Shannon-Weaver é igual a 4,65 com uma equitabilidade de 0,82. O índice de diversidade de Shannon-Weaver H' aplicado às espécies recolhidas pelos barbeiros na parcela localizada na região de Illoula-Oumalou é igual a 2.65 bits, assim como o trabalho de MIDOUN e SLIMANI (2009), sobre o inventário de artrópodes presentes no Djurdjura, onde o índice de Shannon-Weaver calculado indica uma boa diversidade também com 3,53 bits. Uma equitabilidade fracamente registada na mesma parcela é de 0,39 este valor tende a 0, o que reflecte um certo desequilíbrio entre as espécies do ambiente. BEN ETTOUATI, (2012) descobriu numa estação em Témacine de Ouad Rhig, que o índice de diversidade de Shannon-Weaver é igual a 3,17 com uma equitabilidade de 0,58. Por este método, ABAIDI e MOKHTARI, (2014), também durante o seu trabalho no lago de Hassi Ben Abdallah (Ouargla), descobriram que o índice de diversidade de Shannon Weaver é igual a 2,58, com uma equitabilidade de 0,46.

# CONCLUSÃO GERAL

O objectivo do nosso trabalho é fazer um inventário geral dos artrópodes presentes num lote de cebola (Allium cepa), o estudo revelou a presença de um total de 16 ordens de fauna divididas em 77 famílias e 145 espécies, das quais o grupo mais representativo é o dos insectos. A amostragem da fauna artropodológica das duas estações (Ain-Zaouïa e Illoula-Oumalou) foi feita com uma única técnica de amostragem: Nas duas estações de estudo, o grupo de Insectos é totalmente dominado pela ordem Hymenoptera, família Formicidae que mostra uma boa diversidade específica. Podemos globalmente relatar que dentro dos limites da amostragem e tendo em conta a presença dos grupos identificados (isto é: Insectos, Aracnídeos, Collembola e Anelídeos) as duas estações são semelhantes do ponto de vista da riqueza específica mas diferentes se considerarmos a diversidade específica, sabendo que esta última tem em conta o número de espécies presentes bem como o seu domínio em abundância. Os resultados que conseguimos obter com os vasos de Barber na estação de Ain-Zaouïa constituem uma diversidade muito importante com 107 espécies, a estação de Illoula- Oumalou contém uma riqueza de 100 espécies, o cálculo do índice de Shannon-Weaver indica uma diversidade muito boa da população de invertebrados; Por outro lado, o índice de equitabilidade mostra uma igualdade de distribuição das espécies inventariadas ao nível da estação de Ain-Zaouïa (E=0,65) e um desequilíbrio de distribuição da população artrópode ao nível da estação de Illoula-Oumalou (E=0,39).Dada a falta de trabalho sobre a fauna artrópode nas estações de estudo, e a curta duração do nosso estudo (4 meses), não podemos concluir sobre a estabilidade ou interrupção da produção de uma cultura vegetal que é a cebola (Allium cepa). As características físico-químicas das duas regiões desempenham um papel importante na entomofauna das mesmas, de facto a textura do solo da cadeia montanhosa de Djurdjura e a de Akfadou são diferentes, o calcário é um factor que favorece a presença e abundância dos seguintes grupos: Crustáceos, Myriapodes e Gastrópodes em Ain-Zaouïa, por outro lado, em Illoula-Oumalou (Akfadou), assinalamos a ausência destes grupos.

A diversidade da entomofauna não é condicionada apenas por um factor mas por uma combinação de factores tais como a variação sazonal das condições climáticas e os ciclos de desenvolvimento das espécies. Multiplique a investigação, estenda o período de amostragem para pelo menos um ano. Deve também lembrar-se que este estudo é apenas uma iniciação ao inventário da entomofauna que permanece pouco estudada, pelo que seria desejável continuar o estudo e estar mais interessado na taxonomia, na biogeografia e na ecologia no contexto natural de cada grupo que constitui a entomofauna.

# REFERÊNCIAS BIBLIOGRÁFICAS

1. BAGNOULS F. e GAUSSEN H., 1953 - Os climas e a sua classificação. Ann. Geogr. 193-220pp.

2. BENDÂNIA S., 2013 - Inventário entommofaunístico na estação de Sebkhet Safioune. Ingénieur. UNIVERSITE KASDI MERBAH, OUARGLA.62p.

3. BEN ETTOUATI H., 2012- Análise ecológica de artrópodes em três ambientes diferentes do vale do Ouargla e do vale do Ouad Rhig. Tese de mestrado académico. Universidade KASDI MERBAH, OUARGLA.67p.

4. BLONDEL.J, 1979 - Biogéographie et écologie. Ed. por Masson, Paris, 173p.

5. BOUCHAREB L., 2005 - Situação da jardinagem de mercado na wilaya de Bogumerdes. Engenheiro em Agronomia. UMMTO.107p.

6. CRONQUISTA A., 1981 - Um Sistema Integrado de Classificação de Plantas de Floração. Copyrirght 1981 Columbia University Press. Usado con permiso de la editorial.53p.

7. DAJOZ R., 1971 - Précis d'écologie. Ed. Dunod, Paris, 434P.

8. DEPRINCE A., 2003 - the soil fauna, diversidade, métodos de estudo, funções e perspectivas - le courtier de l'environnement de l'INRA n°49, Pp123-138.

9. DIRECÇÃO DOS SERVIÇOS AGRÍCOLAS DE TIZI-OUZOU,2015- Produção de superfície e cebola na wilaya de Tizi-Ouzou. Balanço das estatísticas agrícolas.

10. EMBERGER L., 1952- Uma classificação biogeográfica dos climas. Univ.Montpellier.Botanical Series Fac 7: 3- 47.

11. F. A. O. (Organização da agricultura alimentar) (2010) - Produção agrícola, culturas primárias, base de dados estatísticos. FAO Stat (Website: http: // www. FAO- org. Com).

12. FERNANE A., 2009 - Lugar da entomofauna na artropodologia de três estações florestais na região de Larabàa Nath Irathen (tizi-ouzou). Magistrado de tese. Instituto Nacional de Agrologia, El Harrach. 217p.

13. FRANCHIMONT J. e SAADAOUI E., 2001: Etude national sur la biodiversité. Rapport de synthèse. Programa das Nações Unidas para o Ambiente (PNUA), Marrocos. 156p.

14. Folha de cultura biológica de cebola - SERAIL Chambre d'agriculture Rhône-Alpes. 2014.

15. Ficha de Informação Agrícola, 2014.

16. GHEROUS S. e HAMMAD D., 2011 - o inventário da fauna artropodológica e a análise físico-química das águas da barragem de TAKSEBT. Mestre de tese. Universidade UMMTO, tizi ouzou. 55p.

17. GOBAT JM., ARAGNO M., MATTHEY W., 2010 - le sol vivant (edição 3éme). Revisto e ampliado. Pp150-165.

18. Google Earth, 2015. Fotografia de satélite das duas regiões de estudo.

19. GOUSSEM T., 2010 - biodiversité des arthropodes en particulier les diptères d'intérêt agricole et médico-vétérinaire au marais de Reghaia, mémoire d'ingénieur, Université UMMTO, tizi ouzou. 124p.

20. GUETTALA FRAH N., 2009 - Entomofaune, Impact Economique et Bio-Ecologie des Principaux Ravageurs du Pommier dans la région des Aurès, tese de doutoramento, Universidade de Batna, Batna. 166p.

21. HANELT P., 1990 - Taxonomia, evolução, e história.P157.

22. JUDD M., 2002 - Classificação e sistema em plantas floríferas : Antecedentes históricos. sistemática das plantas: A Phylogenetic Approach, 2ª ed. Sinauer press: Pp41-53.

23. KROLL P., 1994 - History of Public Onion Breeding Programs in the Horticulture, 1575 Linden Drive, University of Wisconsin-Madison.Pp3-103.

24. MESSIAEN C.M., COHAT J., PICHON M., LEROUX J.P. e BEYRIES A., 1993 - os alimentos propagados vegetativamente alliums. Edições INRA. 228p.

25. MIDOUN A. e SLIMANI Y., 2009 - inventário de artrópodes ao nível da estação de pinheiro negro de Djurdjura. Tese de engenharia, UMMTO, tizi-ouzou. 84p.

26. MIMOUN M.K., 2006 - Insectivory of the Algerian hedgehog Atleterix algirus (lereboulet,

1842) na floresta de Beni Ghobri (tizi-ouzou). Estes de magister, I.N.A. El Harrach. 147p.

27. PESSON P., 1971 - la vie dans les sols: aspects nouveaux, études expérimentales. Coll. geology, ecology, development, Gauthierr-Villars, Paris. 417p.

28. RAMADE F, 1984 - Elemento de ecologia. Ecologie Fondamentale. Ed. de Mc Graw-Hill, Paris. 397p.

29. RAMADE F, 1994 - Elemento de ecologia. Ecologie Fondamentale. Ed. Science international, Paris.517p.

30. RAMADE F., 2003 - Eléments d'écologie, Ecologie fondamentale, 3eme ed. Dunod. França. 690p.

31. RODRIGUEZ GALDO B..,2008-Fructans e major compostos em cultivares de cebola(Allium cepa).Journal of Food Composition and Analysis. 22 (2009): Pp 25-32.

32. RUCHOT H., 2015 - ficha técnica da cebola (Allium cepa). Universidade Católica de LILLE.

33. SELTZER P., 1946 - Le climat de l'Algérie, Recueil de données météo. Instituto de Tecnologias. Algerie. 219P.

34. ESTAÇÃO METEOROLÓGICA DE BOUKHALFA, 2015. Dados climáticos2014- 2015 na wilaya de Tizi-Ouzou. Avaliação das estatísticas

climáticas.

35. THOMSON H.C., SMITH O., 1938 - As sementes falam e desenvolvimento de bolbos na Cebola (Allium cepa). Touro. Cornell Agric. Expt. Station, No. 708.21p.

36. VILLIERS A., 1977 - Atlas de Hemiptera. Edi. Boubée et Gie, Paris, 151-153pp.

37. YAPO M., ATSE C. e KOUASSI P., 2012 - inventário de insectos aquáticos em tanques de piscicultura no sul da Costa do Marfim. J. APPL. Biosci 58 (15): p 4208-4222.

# SÍNTESE

O presente trabalho trata do inventário de artrópodes em duas parcelas de cebola da variedade Allium cepa em Illoula-Oumalou e Ain-Zaouïa (Tizi-Ouzou), utilizando um método de armadilhagem (vasos de Barber). O inventário das espécies de artrópodes capturadas através do método de amostragem nas duas parcelas durante o período de estudo de Fevereiro de 2015 a Maio de 2015 revela a presença de 145 espécies de artrópodes divididas em 77 famílias, 16 ordens. Utilizando vasos de Barber, 107 espécies de artrópodes foram capturadas na parcela de Ain-Zaouïa e 100 espécies na parcela de Illoula-Oumalou. Os resultados obtidos nas duas parcelas de estudo foram explorados pelo índice de diversidade e equitabilidade da Shannon Weaver.

**Palavras-chave**: Cebola, Inventário, Barber pots, Arthropods, Ain-Zaouïa, Illoula-Oumalou.

yes
**I want** morebooks!

Buy your books fast and straightforward online - at one of world's fastest growing online book stores! Environmentally sound due to Print-on-Demand technologies.

Buy your books online at
**www.morebooks.shop**

Compre os seus livros mais rápido e diretamente na internet, em uma das livrarias on-line com o maior crescimento no mundo! Produção que protege o meio ambiente através das tecnologias de impressão sob demanda.

Compre os seus livros on-line em
**www.morebooks.shop**

Printed by Books on Demand GmbH, Norderstedt / Germany